浣熊

[美] 梅利莎·吉什 著

陈茜颖 译

浙江出版联合集团

浙江文艺出版社

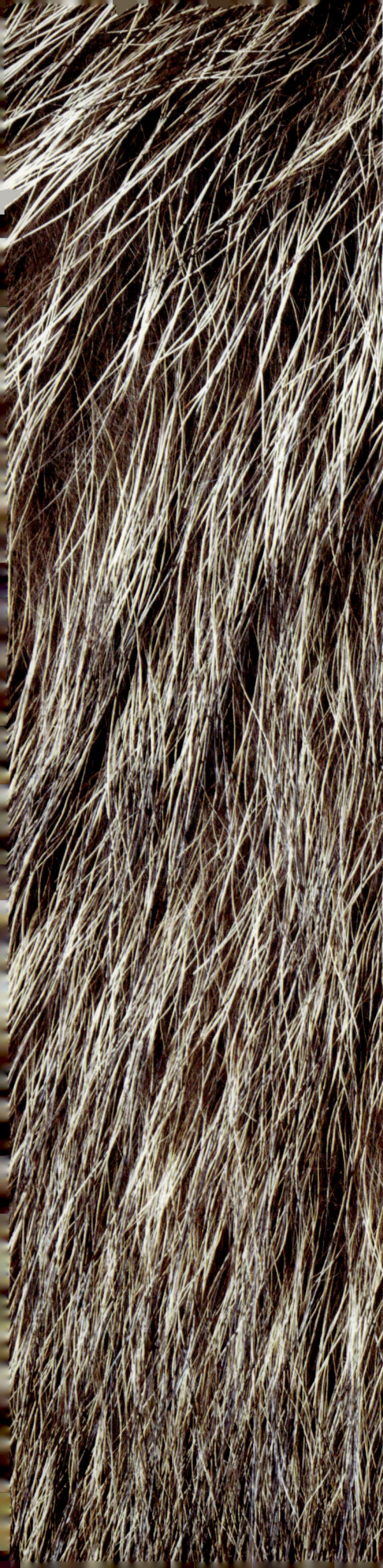

Published in its Original Edition with the title
Raccoons
Copyright © 2016 Creative Education. Creative Education is an imprint of
The Creative Company, Mankato, MN, USA.
This edition arranged by Himmer Winco
© for the Chinese edition：Zhejiang Literature and Art Publishing House

本书中文简体字版由北京 Himmer Winco 永固兴码 文化传媒有限公司独家授予
浙江文艺出版社有限公司。
版权合同登记号：图字：11-2015-320号

图书在版编目（CIP）数据

浣熊／（美）梅利莎·吉什著；陈茜颖译. —杭州：
浙江文艺出版社，2018.1
ISBN 978-7-5339-3996-0

Ⅰ．①浣… Ⅱ．①梅… ②陈… Ⅲ．①食肉目－青少
年读物 Ⅳ．①Q959.838-49

中国版本图书馆CIP数据核字（2016）第325743号

策划统筹	诸婧琦	责任编辑	柳明晔	诸婧琦
装帧设计	杨瑞霖	责任印制	吴春娟	

浣熊

作　　者　[美] 梅利莎·吉什
译　　者　陈茜颖

出　　版　浙江出版联合集团　浙江文艺出版社
地　　址　杭州市体育场路347号
网　　址　www.zjwycbs.cn
经　　销　浙江省新华书店集团有限公司
印　　刷　上海中华商务联合印刷有限公司
开　　本　889毫米×1194毫米　1/12
印　　张　4
插　　页　4
版　　次　2018年1月第1版　2018年1月第1次印刷
书　　号　ISBN 978-7-5339-3996-0
定　　价　29.80 元（精）

午夜将至，

      一轮满月悬挂在佛罗里达大沼泽上空。

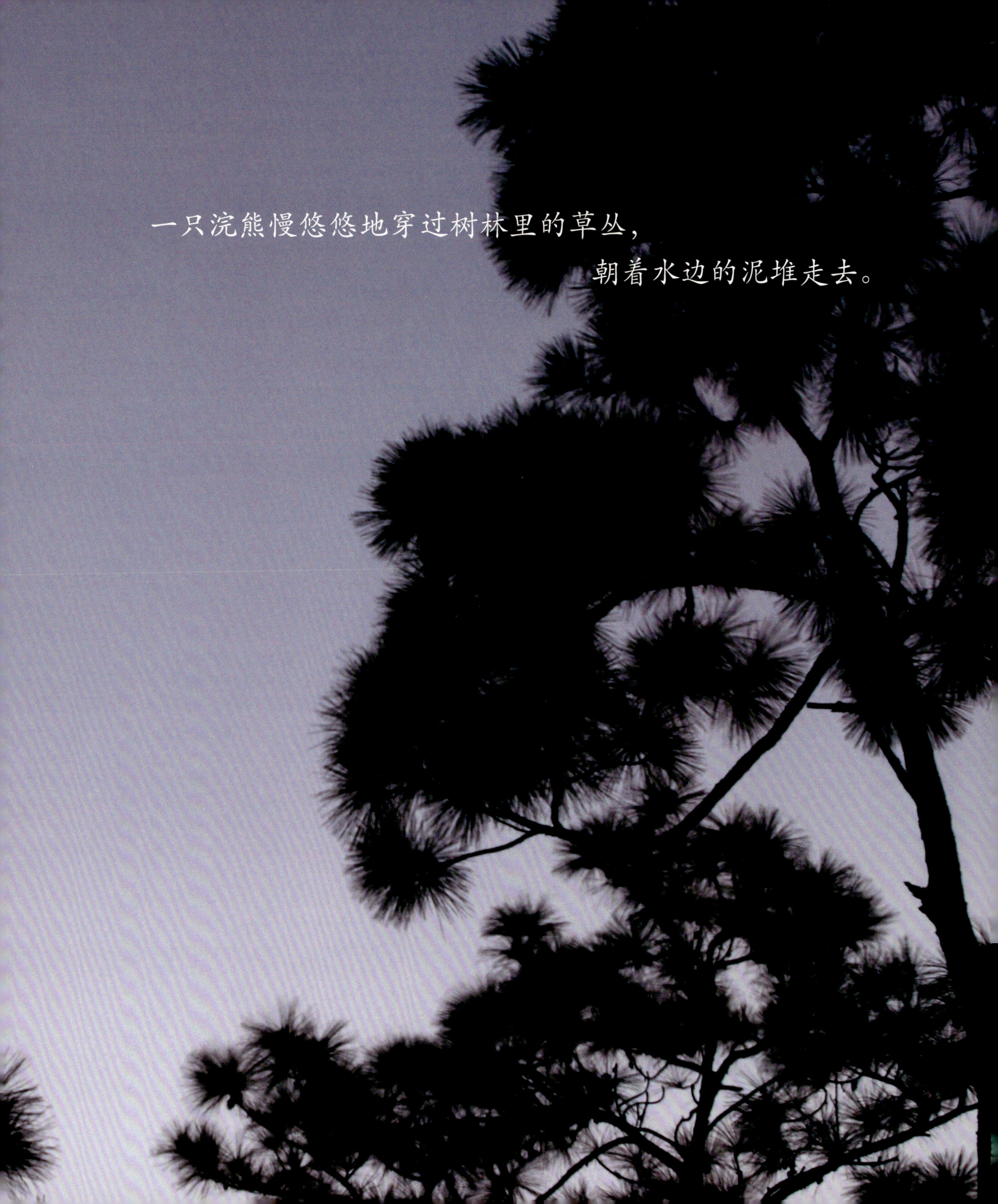

一只浣熊慢悠悠地穿过树林里的草丛，

朝着水边的泥堆走去。

午夜将至，一轮满月悬挂在佛罗里达大沼泽上空。一只浣熊慢悠悠地穿过树林里的草丛，朝着水边的泥堆走去。他闻到了沙土和树叶下有好吃的。不一会儿它就用敏捷的双手挖出了宝贝：美洲鳄的蛋。浣熊用它尖锐的爪子扒开了坚硬的蛋壳，掏出多汁的蛋液。突然，一条鳄鱼从水里探出身，快速游向岸边，想要保护自己的巢穴。

浣熊一阵尖叫，到手的美餐也不要了，一个趔趄，向后倒下，连滚带爬，跌下土坡。鳄鱼猛追不舍。最近的一棵树就在咫尺，浣熊一个箭步，噌噌几下，爬上了树。鳄鱼无奈，只好向这位不速之客发出呲呲的怒吼。浣熊安全地趴在树梢头，静静地看着鳄鱼回到自己的巢穴，将幸免的鳄鱼蛋重新掩埋起来。虽然虚惊一场，但明天晚上，浣熊还会再次出击。

它们住在哪儿

■ **普通浣熊**
北美洲

■ **科苏梅尔浣熊**
墨西哥科苏梅尔岛

■ **食蟹浣熊**
中南美洲

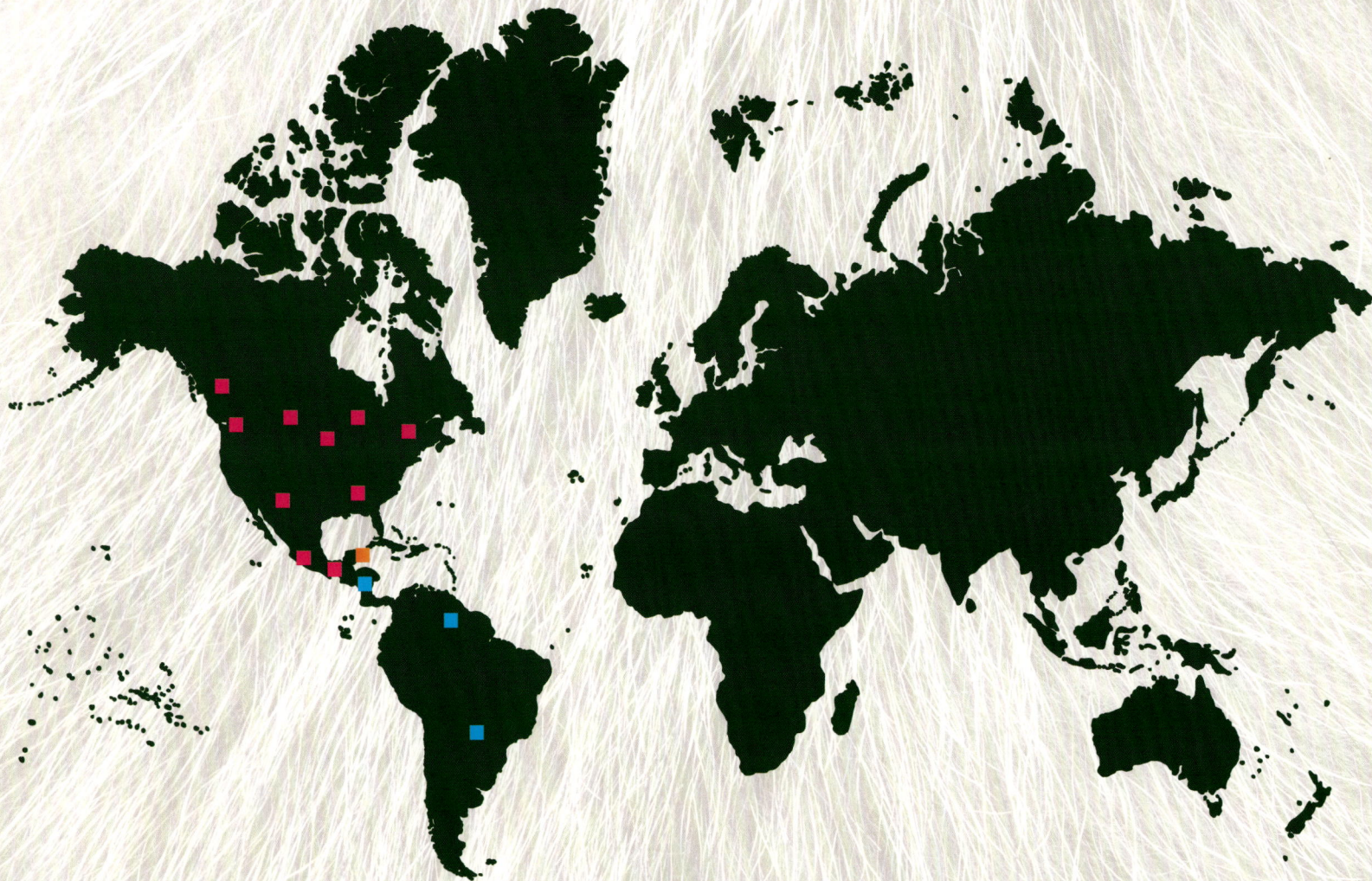

产自西半球的三种浣熊，包括生活在岛上濒临灭绝的科苏梅尔浣熊、热带食蟹浣熊，还有日益融入城市生活的北美洲浣熊，都已进入了欧洲和亚洲。图中用彩色方块标注的位置就是以上三种浣熊出没的地区。

巧手动物

三种浣熊与其余一些浣熊亚种构成了浣熊科，此名来自希腊文短语，意思是"在狗之前"。所有的浣熊都源自美洲。北美洲浣熊分布在加拿大至阿根廷一带，它们适合在各种栖息地生存，从偏僻的森林到喧闹的城市都能见到它们的身影。不过其他一些品种的浣熊已经非常罕见，甚至濒危。中南美洲食蟹浣熊的数量一直保持着稳定，而墨西哥的科苏梅尔浣熊却陷入了困境。2008年，世界自然保护联盟将这种名叫科苏梅尔浣熊的物种从濒危提升至极度濒危。全球只剩下250—300只科苏梅尔浣熊。

此外，已经确认有超过25种普通浣熊的亚种，其中包括4种岛亚种。大约有2000只巴哈马浣熊居住在巴哈马群岛的新普罗维登斯岛，小安德列斯群岛的巴斯特尔和格朗德特尔岛上的瓜德罗普浣熊数量也差不多。墨西哥玛丽亚群岛最大的三座岛屿曾经是特岛浣熊的家，而目前只有玛

极危物种科苏梅尔长鼻浣熊（如图）常常被错认为与它有亲缘关系的科苏梅尔浣熊。

浣熊最多可以从约
11米高的地方坠落，
通常毫发无伤。它们
还常常挤进任何足够
容纳它们头的空间。

丽亚·马德雷岛上还存着一息余脉，数量估计不会超过200只。1996年，世界自然保护联盟将这三类浣熊亚种归为濒危动物。第四类岛亚种是巴巴多斯浣熊，与人类最后一次相逢是在巴巴多斯岛上，那还是1964年，如今被认为已经灭绝。

在所有的小型哺乳动物中，浣熊的个体间差异最大。从鼻子量到下身，有一些长度能达到38—76厘米，要是包含尾巴的长度，最多还可以再加40厘米。浣熊的重量完全取决于它们生存的环境和饮食。为了抵御严酷的冬季，它们会增加脂肪储备，因此秋季通常是它们最重的时候。普通浣熊通常平均重3.6—9.1千克，不过美国所记载的最大的野生浣熊出现在威斯康星州，重达28.1千克。根据吉尼斯世界纪录的记载，一只叫"强盗"的宠物浣熊是世界上最重的浣熊。2004年"强盗"去世的时候，它的体重将近34千克！不过，若是说小，浣熊也可以小得离谱，佛罗里达群岛

为了不被追踪到身上的气味，浣熊会爬上树，然后从一棵树跳到另一棵树，再回到地面。

在佛罗里达州萨尼贝尔岛等地发现的普通浣熊不属于岛屿浣熊。

上的浣熊没什么吃的，只能从沼泽地里扒贝肉吃，所以通常只有 1.5 千克重。

浣熊的皮毛有红色、灰色和黑色三种。它们有两层软毛可以保暖，90% 的皮毛由短而卷的下层绒毛组成，能长到约 2.5 厘米长。剩下的就是长而毛糙的针毛。这些毛发是中空的，能储存暖气，在冬季帮助浣熊抵御严寒。在寒冷的气候中，浣熊的皮毛会长得更密更长，到了春天会自然脱落。所以，生活在温暖环境中的浣熊就终年皮毛稀疏了。

浣熊最显著、最神秘的特质恐怕就是眼睛周围的黑色区域了。由于浣熊是夜行性的，或者说在夜晚活跃，一些科学家认为它们眼部周围的标记可能是用于提高夜间视力的。黑色吸收光源，因此它们的眼睛能吸收更多的可用光源。还有些科学家认为美式橄榄球运动员或其他运动员在眼睛下方涂黑色涂料的灵感来源于浣熊，这两块黑

人们很容易通过浣熊脸部的斑纹把它们和其他动物区分开。

浣熊的腮须通常粘在脸上。当他好奇或警觉的时候，腮须会竖起来。

色区域帮助浣熊在水边觅食时阻挡太阳光。也有人认为这是用来防卫的，黑色让浣熊的眼睛看起来比较大，敌人们看了会感到害怕。浣熊另一个显著的特征是圈状的尾巴。整体颜色较浅的尾巴上有 5 到 7 个深色圈。爬行时，浣熊的尾巴可以用来平衡身体；坐直时，尾巴也可以用来做支撑。

浣熊吃的东西很杂，除了鸟、蛇和蛋，从城市垃圾箱里拾来的残羹剩菜也能吃得津津有味。它们的前爪像手一样，任何食物都可以抓来做美餐。掌心覆盖着柔软的黑色皮肤，上面没有毛。与其他大多数哺乳动物不同，浣熊爪子上的五根手指之间没有蹼，前爪的指头长，像人的手指一样，其中有一个具有我们大拇指的功能。这种爪子的结构让它们与众不同，能握住或者操控物体。浣熊灵活的爪子可以打开门闩，拧开门把手，拨开容器的盖子。它们还有一个技能叫触觉识别，仅靠触摸就能了解物体的细节。它们能从

浣熊的环纹尾巴占据了身体总
长的一半以上。

除了灵长类动物，浣熊是触觉最发达的哺乳动物。

狭窄的空间里拿出物体，也能准确定位埋在一片泥地下的食物的位置。在吃掉食物之前，浣熊会擦拭并清理它们，这种行为叫作"浣"，它就是浣熊名字的由来——起源于阿尔贡金语的单词"aroughcun"，是英国探险家约翰·史密斯船长在他 1612 年的日记中拼错的一个词。这词的正确拼法为 "arahkunem" 或 "arahkun"，是波瓦坦印第安人告诉史密斯的，意思是"他可以用手擦"。

浣熊具有敏锐的感官，是狡猾的猎手，搜索食物的能力也是一流。它们的眼睛有一个反射层组织，叫作明毯。这个组织收集光源，在视网膜中心聚焦，这使得浣熊在微弱的光源下也能看得清楚。这组织还能形成眼耀，当光照射在眼睛上的时候，眼睛会反光。眼耀在颜色上有所不同，有时黄色，有时绿色。浣熊嗅觉敏锐，什么都逃不过它们的鼻子。在浣熊的鼻镜，也就是鼻孔周围潮湿的表面上，分布着神经细胞，这些就是感知细胞，它们能侦测到 5 厘米深的沙地或土壤下的食物。浣熊的颌（hé）骨很强壮，颌面有上下两对犬牙，嘴的正面有六对锋利的切齿，用来撕开肉食。颌面两侧上下有十二对磨牙，用来嚼碎草木和坚果，就算是小骨头也不在话下。

许多野生动物学家即便在一片漆黑之中，通过眼耀也能够识别对方是哪种动物。

研究表明，浣熊一旦找出问题的解决方法，至少三年内不会忘记。

浣熊是敏捷的攀爬动物，它们的长尾巴可以帮助它们侧空翻，还可以突然转向。

闹哄哄的浣熊

浣熊科的其他成员与浣熊拥有相同的体征，但它们的栖息地与饮食各不相同。在南美洲，长鼻浣熊在地面生活，主要吃啮（niè）齿类动物、鸟蛛和落果。邻近的蜜熊在树上生活，专吃树叶、草和成熟的果子。浣熊最近的亲戚当属蓬尾浣熊，它们在墨西哥和美国西南部的石质沙漠中生活，冬天捕食蛇和蜥蜴，夏天吃莓果。普通浣熊适应了北美洲的冬季，什么都吃，既吃肉，又吃蔬果，不仅能在城市和郊区生活，也能在森林和农田茁壮成长。

浣熊在北美洲分布广泛。它们偏爱靠近有水域的森林栖息地，比如溪边或湿地。浣熊通常居住在水源周围 800 米范围里，这是它们的生活区。生活区的大小取决于可获得的食物数量。在湿地，鱼、青蛙、蛋、无脊椎动物、植被充裕，一个生活区可以只有三个足球场大小。不过在树林稀疏的山麓，由于食物短缺，它们的生活区可能会扩

蜜熊只在夜间活动，白天它们在空心树里或是在高处隐蔽的巢穴里呼呼大睡。

小浣熊在两三个月大的时候，就准备好走出小窝去探索世界了。

大到 1000 个足球场那么大。一片巢区里最多可以住四只雄性浣熊，它们与雌性群体分居，雌性群体的数量最多可达十二只。浣熊轮换窝点，很少会在同一个地方连续睡上两天。它们尤其喜欢在树干或树枝中空的区域做窝。如果没有树，浣熊会躲在人造的建筑里，比如谷仓、棚子甚至是阁楼里。如果獾或者土拨鼠挖好的地洞废弃了，那么浣熊也会物尽其用，搬进去住。

除非食物不足，否则浣熊对隔壁生活区的浣熊邻居是来者不拒的。浣熊的生活区通常是重叠的，邻里间常要碰面。科学家曾经认为浣熊都是独立生活的，但21世纪早期的研究表明浣熊随着季节的变化，社交行为也会有所不同。一年里大约有四个月，雌性浣熊会远离其他浣熊，专心生养小浣熊。其余时间，雌性浣熊与其他雌性浣熊及其后代生活在一起，睡在一起，如果食物充足，还会一起进食。还有一种家庭结构也很普遍：一只浣熊奶奶，加上它的子孙两辈，无论雌雄，生活在一起。浣熊的眼神深邃而犀利，"凝视"这个词在英语中最初便是指一大群浣熊。三四只雄性浣熊会组成一群，这样的组合目的很明确：在寒冷的天气里，它们睡在一起取暖；如果吃食够分，就会一起享用；在交配季节，这一群雄性把其他入侵者赶跑，不让别人争夺身边的异性。成年的雄性和雌性浣熊，它们一年只会有一两次生活在一起，只为了每次三四天的交配

浣熊可能会把穴居安置在空心木头里、废弃的地洞里、山洞里或树干里。

期，其他时候就尽量不见面了。

雄性浣熊与雌性浣熊一岁时就算成年了。雄性通过气味吸引雌性。不同地域的浣熊交配时间不同，一般在1月到6月之间。雌性浣熊一年中只有几天可以怀上浣熊宝宝。在成功交配后的54天到70天里，会有两到五个浣熊宝宝出生。在生育前，母浣熊会挑选一个安全的场所，例如一棵大树，在树上它和宝宝们都能免受天敌的威胁。刚出生时，浣熊宝宝看不见也听不见，身体大约只有10.2厘米长，重不足85克。尽管毛皮比妈妈的要浅，浣熊宝宝的眼眶周围也是天生有明显色圈的。它们一出生就可以喝妈妈的奶。

大约要等三周时间，浣熊宝宝的耳道才能打开，那时才能听到声音。再过六到八周，等体重到了出生时的十倍，浣熊妈妈就放手让宝宝去探索世界了。这时的浣熊宝宝可以吃硬食，妈妈还会教它们如何去找食吃。母浣熊此时会将浣熊宝

当浣熊妈妈被捕杀，或被捕获，迁去他处后，它们的幼崽也不太可能存活。

浣熊可以在 10℃的冷水中觅食，并且可以保证不丧失触觉。

宝转移到地面窝点。科学家认为母浣熊这么做是为了防止顽皮的浣熊宝宝从树窝中掉下来丢了性命。四个月大时，小浣熊就会完全断奶。浣熊妈妈会教它们如何捕猎、觅食、做窝和躲避天敌。14 个月大时，小浣熊们就此分散，搭建自己的生活区。雌性小浣熊通常与妈妈们待得比较近，而雄性小浣熊会远离自己的出生地，最远可达 20 千米，在那里，它们会找到没有血缘关系的另一半，在来年春天进行交配。大约只有一半浣熊宝宝能在出生后的第一年里幸存下来。

　　小浣熊容易在严寒中饿死。如果一直和妈妈在一起，妈妈还会帮宝宝找吃的，但是大部分浣熊会和妈妈失散，只能独自生活。在冰雪覆盖的地方，要找到足够的食物，对许多小浣熊来说，是一个巨大挑战。浣熊的天敌，比如丛林狼、短尾猫，还有角鸮，都会吃掉小浣熊。不过人类是最大的魔王。有些人为了获得毛皮大量捕杀小浣熊，另外还有好些浣熊在公路上被车撞死。疾病是浣熊死亡的第二大原因。其中一种致命的疾病叫犬瘟热，这种病毒会影响呼吸系统，最终导致大脑损伤。浣熊还容易感染狂犬病，这种病毒会影响中枢神经系统。得了这种病的浣熊会通过撕咬其他动物或者人类扩散病毒。野外的浣熊很少活过三四岁。然而，人工驯养的浣熊则有能活 20 年的。

短尾猫通常猎食野兔，不过如果有机会，它们也会捕食浣熊幼崽。

与其他林地生物一样，浣熊也常是几百年来民间故事、童话和故事书中的主角。

魔法与恶作剧

在美洲印第安人和原住民的传统文化里，浣熊拥有很多名字，大多指它们与众不同的行为和特征。米诺尔人给浣熊取了个名字叫"wood-ko"，意思是"揉搓兽"。而莫西干人叫浣熊"sha-wa"，意思是"抓握兽"。浣熊的曼丹名叫"nashi"，意思是"黑脸黑脚兽"，霍皮人则叫浣熊"shiuaa"，意思是"涂彩兽"。一些文化认为浣熊通灵。易洛魁语中，浣熊叫"gahado-goka-gogosa"，有"戴面具的魔鬼精"之意。夏安族叫浣熊"macho-on"，意思是"施法兽"。古墨西哥的阿兹特克人给食蟹浣熊取了好几个名字。雄浣熊叫"mapacitli"，意思是"不放手"；雌浣熊叫"see-oh-at-lama-kas-kay"，意思是"神媒兽"；小浣熊被叫作"ee-yah-mah-tohn"，意思是"通晓万事的小家伙"。

浣熊拥有一颗好奇心，因此顽皮和淘气成了浣熊的代名词。在北美洲土著人的民间传说中，浣熊是聪明的动物，常常恶作剧，浣熊与其他动物的纷争通常是故事的核心。

浣熊有着独一无二的眼圈和斑纹，也有与人

岛浣熊成了 2007 年法国邮票系列中的一部分，用来纪念国外岛屿上濒临灭绝的动物。

在美国亚利桑那州、内华达州和犹他州几乎找不到浣熊的身影，因为这些地区的水和植被严重不足。

大部分现代的浣熊皮帽都以耳罩为特色,它们都是用皮草和防潮织布制作而成。

20世纪30年代,由于皮草交易,浣熊被带到了阿拉斯加州,并且成了阿拉斯加州南部许多城市的有害动物。

类一样灵巧的双手,所以许多有关世界起源的传说中都有它们的身影。

奥吉布瓦人传说中有一个故事:一只浣熊去找小龙虾,告诉它们自己发现了一个很棒的泥水湖——那可是小龙虾最喜欢的栖息地了——但是路有些远,在山的另一边。浣熊主动提出,可以载它们一程,于是小龙虾们都爬到了浣熊的背上。它们一起翻过了山,却没有一起走到那个湖:浣熊躲在树荫下,尽情地享用了一顿美味。

在海湾沿岸地区,比洛克西海湾印第安人流传着这样一个故事:一天早上,浣熊去了自己最爱的小龙虾池塘。它发现泥里有脚印,所有的小龙虾都躲藏起来了。接着,它又去了自己最喜欢的柿子树那里,发现所有熟了的果实都被摘走了,并在附近发现了负鼠的脚印。于是,它决定第二天早上起个大早,要比负鼠抢先一步抵达池塘和柿子树,果然,它成功了。不过第三天,浣熊发现负鼠又比它早到了。于是,这两个家伙一前一后,互有胜负,一天比一天起得早,到最后干脆整夜不睡,一整晚都在赛跑,看谁先到池塘边和

柿子树下。这个故事告诉了我们浣熊和负鼠为什么夜间活动。

　　各族民间故事中充满了有关浣熊拥有别致斑纹缘由的传说。内兹佩尔塞有一个故事讲述了斑纹的由来——竟然是因为浣熊与郊狼打了一架！有一天，郊狼在河边小憩（qì）。他刚刚生火煮了三文鱼，美美地吃了一顿。浣熊偷偷跑到郊狼身边，轻轻地将它对手的爪子挪到火焰的余烬之中。一触到炽热的煤炭，郊狼痛醒过来，浣熊想要逃跑，却被郊狼抓住了耳朵，一把拖回余烬中，手

死水区对于贪玩的浣熊来说非常有吸引力，但也容易传播疾病。

浣熊肥仔与大怪兽

亚瑟·斯科特·贝利

一天夜里，浣熊肥仔在一条通向山谷的蜿蜒小路上溜达。它刚从格林农夫的苹果园里出来，它在那里刚饱餐了一顿。虽然还不算晚，但天色已暗，村子里所有的人似乎都已入睡。路上已经没有农夫还在开车。肥仔一人独享一切。于是它闲庭信步，不慌不忙地走回家。就在那时，一个可怕的怪物差点抓住了它。

一切是这样发生的：空中有一阵"吧啦吧啦"的声音。肥仔早该听见了，可它苹果吃多了，有点犯困，而它的耳朵也不像同伴们那样敏锐。当肥仔听到时，"吧啦吧啦"的声音已经相当大了。它惊呆了。于是，他停在路中间竖起耳朵听着。肥仔从来没听到过这样的声音。

还没等它反应过来，那只奇怪的动物已经扑了上来。它炯炯有神的目光，亮得肥仔眼前一片漆黑。如果不是它朝肥仔尖叫，肥仔肯定难逃一劫。正是那怪物可怕的尖叫声，吓得肥仔一跃而起。这是令人惊恐的喊叫——如同六只夜猫一起号啕。肥仔在怪物抓住它以前，先跳到了路的一边。

出自《睡前故事：浣熊肥仔的故事》

脚被烧得漆黑。接着，郊狼冲着浣熊的面孔打了两拳。浣熊再逃，不幸又被郊狼拽住了尾巴。当浣熊最后挣脱时，它的手脚、耳朵、脸和尾巴上布满了黑色的印记。

到了 18 世纪，美洲移民从土著居民口中得知，浣熊冬季身上的毛皮是各种毛皮中最暖和的，是做帽子和大衣的宝贵材料。于是人们设置陷阱，捕获浣熊。有一种毛皮帽子叫作浣熊皮帽，还连着浣熊的尾巴，从帽子后侧垂挂下来。本杰明·富兰克林在 1776 年前往法国，路上就戴过一顶浣熊皮帽，当时也是尽人皆知。此外，探险家梅里韦瑟·刘易斯在 1804 年至 1806 年期间的远征中也戴过这样的帽子。在 20 世纪 20 年代，人们对浣熊毛皮的兴趣从帽子转移到了男士外套上，这种潮流持续了不到 10 年。在 20 世纪 50 年代，迪士尼制作了一系列电视剧和电影，都是关于大卫·克洛科特和丹尼尔·布恩的探险故事。这两个角色深受观众喜爱，他们的歌曲和照片激起了大众对浣熊皮帽的需求（虽然他们实际上并没有戴过这种帽子），重新掀起了一轮浣熊毛皮的流行风潮，

浣熊并不冬眠，但它们可以在巢穴中睡上几周，不吃不喝，这就是冬休期。

浣熊幼崽非常贪玩，它们通过玩耍来了解世界，测试自身的生存能力。

整个美国从南到北、从西到东，每个孩子都想要一顶，平均价格在 1.98 美元。浣熊皮帽至今还能在毛皮零售店里买到，但也只是为了保暖的效果，不过售价今非昔比，要 100 美元左右。

1969 年，迪士尼将史坦林·诺斯 1963 年出版的《淘气包》改编为电影，这是一个真实的故事，讲述了作者童年将浣熊当宠物养的那段时光。"淘气包"浣熊成了幼年史坦林的亲密伙伴，不过最终还是回归了自由。这本书和电影深受日本人民喜爱。1977 年出现了一部 52 集的电视剧，叫作《淘气浣熊》，播出之后，日本甚至进口了数千只浣熊，各地的家庭纷纷当作宠物圈养。如今这些进口宠物的后代在日本诸岛的野外生活着。另外，还有一个迪士尼出品的浣熊角色叫米库（Meeko），是动画片《风中奇缘》（1995）和《风中奇缘 2：伦敦之旅》（1998）中的角色。米库聪明又贪心，一有机会就去偷好吃的。

迪士尼在 2014 年发行了《银河护卫队》。这是一部 3D 电影，讲述了一支超级英雄团队的故事，其中的角色最早出现在 1969 年的漫画《复

仇者少年圣战》中，并在 2008 年重新投放市场。"神枪手"火箭浣熊是漫画与电影中的主角。它也是电子游戏《终极漫画英语 vs 卡普空 3》以及《乐高漫威超级英雄》中的角色。在流行文化中，骑警里克也许是最持久的浣熊角色，它是国家野生动物联合会的吉祥物，也和 1967 年创办的儿童自然杂志同名。在国家野生动物联合会的网站上有一个专门的网页用来介绍与骑警里克相关的游戏、文章和视频。

书、连环画和杂志在描述丹尼尔·布恩的时候，都会提到他经常戴着的那顶浣熊皮帽。

浣熊的祖先是恰帕熊，早在 180 万年以前就已灭绝，起初人们以为它是熊的一种。

打造一只机智浣熊

依据3000万年前的化石遗迹，科学家一度把浣熊归入鼬科或是鼬鼠科。然而在20世纪，法国和德国发现了浣熊、长鼻浣熊和浣熊类最早直系祖先的化石，这证明了至少在2000万年前浣熊就已经与鼬鼠分了家。考虑到那时候美洲与亚洲是接壤的，这些小动物从欧洲扩张到了亚洲，然后遍及南北美洲，也就合理了。

几百万年以来，在欧洲和亚洲生活的史前浣熊已经灭绝，不过在南美洲，尽管浣熊经历了气候和栖息地的剧变，它们还是活了下来。大约1000万年前，浣熊就像松鼠一样大，住在地洞里。随着天敌的体形增大和数量增加，浣熊适应了树上的生活，因为那里更安全。它们改变了饮食习惯，从原先挖虫子和蛆为生，到后来去摘水果、坚果，掏鸟蛋，找树上的昆虫和蜥蜴来吃。卷尾浣熊和其他寄居树上的浣熊在那之后又和回到地面生活的浣熊分了家，演变成了长鼻浣熊、环尾浣熊和

浣熊的咬合力大约是每平方厘米 3.7 千克，与家猫的咬合力相似。

由于浣熊移动时和熊一样笨重，科学家最早将它们划入熊类。

浣熊跑步可达每小时25千米，城市浣熊快速穿过繁忙街道和公路的场面可以证明。

食蟹浣熊。其中一些浣熊向北迁移，大约250万年前，它们进化成了我们今天所熟悉的浣熊。

有些浣熊生活在岛上，它们的栖息地很小，因此比北美洲大陆上的浣熊个头要小。这种过程叫作岛屿侏儒化，这使得动物能够保存资源。然而，即使岛屿浣熊位于当地食物链的顶端，它们还是无法与人类抗衡。由于旅游区的扩大，浣熊的栖息地受到了破坏，岛屿浣熊处于灭绝边缘。20世纪70年代，科苏梅尔岛的旅游业开始兴起。科苏梅尔岛是美国罗得岛州的六分之一，浣熊生活在岛上西北部的一小片湿地里。从1994年开始，墨西哥国家生态与气候变化研究所的阿尔弗雷德·库阿伦博士带领的科学家团队展开了对科苏梅尔岛的研究，并建议采取保护措施。科学家团队的报告说，如果没有保护，岛屿浣熊必然会灭绝。

尽管它们濒临灭绝，但是岛屿浣熊和其他岛

矮浣熊专吃甲壳类动物，这些动物生活在红树林沼泽地和沙质湿地里。

上的浣熊亚种都没有得到法律保护，没有被禁止捕猎。此外，近几十年来岛上引进的宠物对小浣熊的生存状况产生了极坏的影响，它们常常受到流浪猫、狗的攻击。流浪猫、狗数量增加还导致了疾病与寄生虫的传播，直接威胁到岛上浣熊的生存。

在世界上的其他地区，浣熊数量依然庞大，尽管有人类活动的影响，它们的数量也没有受到不可逆的损失。在美国和加拿大的大部分地区，

众所周知，浣熊是清道夫，它们常常在夜里把垃圾桶翻得一片狼藉。

捕猎浣熊是合法的。它们的毛皮可以拿来用，肉可以吃，与鸡腿、鸡翅味道差不多。生长在农村地区的浣熊还会害怕人类，而城市里的浣熊已经对人司空见惯了。斯坦·哥特博士是俄亥俄州大学的一名野生动物生态学教授，对浣熊的生理与行为有最权威的了解。1984 年以来，哥特博士有一系列新发现，其中关于城市浣熊的非常让人吃惊：比起野外的浣熊，城里的浣熊不仅体形大、繁殖快、寿命长，而且智力的进化也很快。一代又一代浣熊在城里长大，很清楚哪个时间段哪个垃圾桶里能找到好吃的，很清楚白天是不是应该藏起来，以及如何躲开天敌、避开汽车。换作是野外的浣熊，对付这些危害就远没有这么游刃有余了。浣熊作为一个物种具备了很强的适应力，可以在城市里开枝散叶，还能与人斗法。

2012年，苏珊·麦克唐纳博士和马克·德索莫教授两位多伦多约克大学的生物学家做了一项研究，并拍摄了PBS的纪录片《浣熊国度》。科学家用猫食做诱饵，用铁笼在多伦多的三个不同地区捉来几只浣熊，用镇静剂将它们催眠。他们在浣熊的脖子上安置了一个领子，上面带有微型硬盘和无线电传输器。这些领子用于收集浣熊移动的数据，每隔5—15分钟发回一次信号，麦克唐纳博士可以在地图上进行定位。这是针对浣熊

活口陷阱是一种简单、人道的捕捉浣熊的方法，常用于研究和重新安置。

城市浣熊以垃圾食品为生，因此相对于农村和野外的浣熊来说，它们更容易患有龋齿和肥胖症。

除了玻璃和金属——它们太滑了,浣熊无法抓住——浣熊几乎可以爬上其他任何界面。

尽管这种行为不被鼓励,但还是有人把浣熊当宠物圈养,再把它们送回野外。

的首次试验,其他研究人员打算制订浣熊管理计划时,可以此次调查作为样本,展开新的研究。

狂犬病是农村和城市浣熊需要共同面对的严重问题。北美洲的哺乳动物里,浣熊的狂犬病感染率最高。家养动物可以接种狂犬病疫苗,人类如果被患有狂犬病的动物咬伤,也需要及时注射狂犬病疫苗来预防发病。在美国和加拿大的一些地区,政府鼓励居民放置一些带疫苗的食物来防止狂犬病在浣熊当中传播。另一方面,动物疾病防控专家必须对携带狂犬病的浣熊实施安乐死,从而阻止疾病向其他动物和人类扩散。

一些科学家认为,由于浣熊好奇心重,它们乐于接受挑战,不惧怕眼前遇到的人为障碍,比如楼房的栏杆和垃圾桶的插销。这种越过障碍来解决问题的技能,让浣熊变得越来越聪明。研究者表示,浣熊渐渐习惯在人类社会中生存,它们会发展出躲避人类的策略。

哥特博士认为我们不可能完全了解浣熊，因为它们的行为变化多端。"我们越关注浣熊，"哥特博士说，"了解它们就会越困难。"岛屿浣熊可能永远不会有机会适应城市生活，但是陆地浣熊已经在学习如何与人类分享这个不停变化的世界。在不断适应环境的浣熊面前，该轮到我们想办法与它们共享这个世界了。

人们给野外的浣熊喂食，这会促使它们在居民区安营扎寨。

动物寓言：浣熊顽皮的代价

在北美洲印第安人的每一个部落中，都有关于浣熊的传奇。它们通常扮演着骗子的角色。以下这个故事来自北美洲大平原地区拉科塔民族，浣熊因为欺骗了小龙虾而付出了惨痛的代价。

小龙虾有锋利的爪子，看起来非常厉害，但其实它很胆怯，它只吃动物尸体。浣熊则不同，只要爪子能抓到的东西它都吃，尤其喜欢吃小龙虾。

一天，小龙虾在河岸漫游觅食。浣熊想捉弄小龙虾。它平躺着，屏住呼吸。小龙虾靠近时，它一动不动。

"你死了吗？"小龙虾问。浣熊不作答。小龙虾小心翼翼地戳了戳浣熊的鼻子，没见浣熊有反应。小龙虾夹一夹浣熊柔软的爪子，也没有动静。接着，小龙虾又戳浣熊的尾巴，还是没有反应。"你肯定死了，"小龙虾说，"我要去告诉大家，我们有一顿死浣熊盛宴可以分享啦！"于是小龙虾匆匆离去。

等小龙虾走远了，浣熊跳起身来，哈哈大笑。"这个傻瓜，"浣熊说，"我们来看看谁能吃了谁！"

蓝冠鸦在树枝上看到了整个场景。"你会后悔的，"它警告浣熊说，"这种卑鄙的骗局是不会有好下场的。"

"不关你的事！"浣熊回嘴道，重新躺回河岸上。

小龙虾带着自己的同伴们回来了。它们发现浣熊还在原地，看起来肯定是死了。

"你确信它死了吗？"小龙虾的姐姐问，它夹一夹浣熊的鼻子，没有任何反应。

"有可能它是装死。"小龙虾的朋友夹一夹浣熊柔软的爪子说。浣熊没有任何动静。

"不能马虎啊，"小龙虾的兄弟说，它夹一夹浣熊的尾巴，浣熊还是一动不动，"它死了，死透了！"

所有的小龙虾看着眼前的盛宴激动不已。它们欢呼雀跃，爬到了浣熊身上，挥动着自己的爪子。在整个过程中，浣熊都咬着嘴唇屏着笑。

接着，小龙虾和它的兄弟们匆匆去了森林，拿来许多木棍打算生火。小龙虾的姐妹们在地上挖了一个坑。

而浣熊厌倦了这个游戏，竟然睡着了。

几小时过去。浣熊醒了，发现自己被困在一个深洞中，还有火正在烤它。

它慌忙从洞里爬了出来，发现小龙虾们还在庆祝。"它还活着！"小龙虾大喊，"快跑！"顿时，所有的小龙虾都消失在河里。

当浣熊用爪子揉了揉自己发痒的眼睛时，发现眼睛被烟灰覆盖住了。它跑到河边洗爪子，但是黑乎乎的东西怎么也洗不掉。它看着河里自己的倒影，吓得缩了回来。

"它们究竟对我做了什么？"它大喊。它的尾巴有了污渍，眼睛周围一圈黑色的烟灰，正是之前它用爪子揉过的地方。

树上的蓝冠鸦笑了，说："我警告过你，骗人是不会有好下场的。现在你只能整天带着那骗局留下的痕迹了。"

小词典

【适应】
为了提高生存机会，根据环境做出改变。

【文化】
一个社会群体所拥有的、被这个群体所接受的共同的行为和特质。

【灵活】
用手和身体完成任务的技能强和熟练程度高。

【地方性的】
一个地理位置所特有的。

【进化】
慢慢发展成一种新的形态。

【灭绝】
没有存活下来。

【食物链】
一种自然界的系统，生物通过吃或被吃，彼此联系起来。

【冬眠】
以睡眠方式度过冬天，呼吸与心跳会减慢。

【土著】
起源于某个地区或国家。

【绝缘】
一种被保护的状态，可以避免丧失热量。

【无脊椎动物】
没有脊椎的动物，包括甲壳类动物等。

【哺乳动物】
恒温动物，全身被毛或皮覆盖的脊椎动物，胎生分泌乳汁喂养幼崽。

【寄生虫】
一种生物（寄主）在另一种生物（宿主）的身体里生存，对宿主无益；一些寄生虫会导致疾病甚至使宿主死亡。

【毛皮】
带毛的动物皮。

【生理学】
对生物有机体的功能和器官的科学研究。

【视网膜】
眼球壁的内层，对光敏感。

【接种疫苗】
给予机体一种物质，用于预防疾病。

【断奶】
让哺乳动物的幼崽接受其他食物，停止喝母乳。

部分参考文献

Fleming, Susan. Nature: Raccoon Nation. DVD. Toronto: Optix Digital Pictures, 2012.

Lopez, Andrea Dawn. When Raccoons Fall through Your Ceiling: The Handbook for Coexisting with Wildlife. Denton, Tex.: University of North Texas Press, 2002.

National Geographic Kids. "Animals: Raccoon." http://kids.nationalgeographic.com/content/kids/en_US/animals/raccoon/.

New Hampshire Public Television. "NatureWorks: Raccoon." http://www.nhptv.org/natureworks/raccoon.htm.

Yery, Erika. "Rescue Report: Raccoons—Facts and Fancies." Wildlife Rescue League. http://www.wildliferescueleague.org/pdf/raccoon.pdf.

Zeveloff, Samuel I. Raccoons: A Natural History. Washington, D.C.: Smithsonian Institution, 2002.

注意：

我们力保以上罗列的网站在本书出版之际仍保持运营。但由于互联网的特性，我们不能确保这些网站能无限期活跃，也不能保证里面的内容不会改变。

*本书动物科学知识由浙江大学动物科学学院徐子叶女士审订。

浣熊适应环境变化的能力使得它们成为地球上最成功的动物中的一员。